厉害了！中国大运河

洋洋兔 编绘
宋桂杰 审订
詹长法

科学普及出版社
·北京·

U0745778

千年之运，大工之河

　　中国大运河是我国第 32 项世界文化遗产，是世界上开凿最早、长度最长、规模最大的运河，包括隋唐大运河、京杭大运河和浙东运河三部分。大运河横跨北京、天津、河北、山东、河南、安徽、江苏、浙江 8 个省级行政区，沟通了海河、黄河、淮河、长江、钱塘江五大水系，这一杰出的水利工程，在维护中国国家统一、政权稳定，促进经济繁荣、文化交流和科技发展等方面发挥了巨大作用。

　　大运河的开凿始于公元前 5 世纪的春秋时期，隋朝完成第一次贯通，形成隋唐宋时期以洛阳为中心、沟通南北方的隋唐大运河。元朝由于政治中心的迁移，将大运河裁弯取直，直接沟通北京与南方地区，形成元明清时期第二次大贯通的京杭大运河。大运河历经两千多年的持续发展与演变，直到今天仍发挥着重要的交通与水利功能。

逆流而上的大运河

52

世界上的运河

50

流动的遗产

48

舌尖上的大运河

46

浙东运河

44

漕粮怎么『漂』到北京

42

舳舻蔽水

40

张家湾来的『北漂』

38

运河弯弯到沧州

36

从这儿过，得交钱

34

运河水脊——南旺

32

傍湖而走的中河

30

目录

大运河第一锹
6

隋炀帝开通大运河
8

隋唐大运河
11

天下粮仓——含嘉仓
12

千里赖通波
14

京杭大运河
17

会『喝水』的海绵城市——苏州
18

大运河畔的丝业传奇
20

大运河上的『黑科技』——长安闸
22

钱塘自古繁华
24

漕运之都——淮安
26

因盐兴盛的城市——扬州
28

大运河 第一锹

春秋后期，南方的吴国迅速崛起，战胜楚国，打败越国，成为又一任春秋霸主。不过，吴国的野心不止于此，吴王夫差还想北上与齐国、晋国争霸。为了快速运送粮草和军队，吴国需要挖一条人工河道。

我们知道，淮河与长江都是东西走向的河流。春秋时二者之间没有天然水道相连，位于长江下游的吴国想要北上，就要先入海，在海上绕道入淮河。

虽然水军是吴军的主力，但海上风浪大，航程长，航行的难度很大。

吴王夫差

齐
鲁
黄河
泗水
淮阴（今淮安）
长江
淮河
吴

船只进入淮河后，到达淮阴，再从泗水北上，才能到达齐鲁大地。

秋，吴城邗（hán），沟通江淮。

——[春秋] 左丘明《左传》

昔吴将伐齐，北霸中原，自广陵城东南筑邗城，城下掘深沟，谓之韩江，亦曰邗溟沟。

——[北魏] 郦道元《水经注》

朵朵，咱们怎么来挖土了？

也许是让咱们了解大运河的开凿过程……

公元前 486 年，吴王夫差命人利用天然湖泊在长江边（今扬州附近）开挖深沟，沟通长江和淮河，这就是大运河最早的一段河道——邗沟，也是淮扬运河（里运河）最初的河道。

淮河

邗沟

长江

隋炀帝开通大运河

汴河怀古二首（其二）

[唐] 皮日休

尽道隋亡为此河，至今千里赖通波。
若无水殿龙舟事，共禹论功不较多。

这首诗是什么意思呢？

都说隋朝亡国是因为这条河（大运河），但是到现在南北通行还要依赖此河。如果没有乘龙舟三下扬州的事，隋炀帝的功绩可以与大禹平分秋色。

8

我国地势的特点为西高东低，主要的河流都是由西向东流入大海，缺少南北走向的大河。经济方面，隋朝建立后，将政治中心放在了长安（今西安），但北方的粮食生产远远不能满足长安的需要，需要调运三吴地区的粮食和布帛来供养都城。而陆路交通费时又费力，只有在长江和黄河之间修建一条新的运河，才能从根本上解决长安、洛阳两都粮食与其他物资的供应问题。

政治方面，从南方看，隋朝统一之初，江南的豪族仍拥有较强的经济实力与社会影响力，他们与隋中央政权之间始终存在着比较尖锐的矛盾，叛乱层出不穷，开凿大运河可以加强对江南地区的控制；从北方看，高句（gōu）丽（lí）等国家一直是隋朝边境的不稳定因素。

611年，隋炀帝在扬州游玩后，乘龙舟北上，前往涿郡发兵征讨高句丽。

隋炀帝并不是凭空开挖了一条新的水道，而是在历代所建水道的基础上进行了疏浚、扩建和改造。经过多年修建，隋朝大运河正式开凿成功，形成了以洛阳为中心，沟通五大水系，向南可至余杭郡（今杭州），向北抵达涿郡（今北京）的绵长水道。

做纤夫真的好辛苦！我们什么时候才能回家？

据说穿过这道门，就能找到答案。

朵朵，我发现一封信。

水上博物馆
邀请函

——大运河

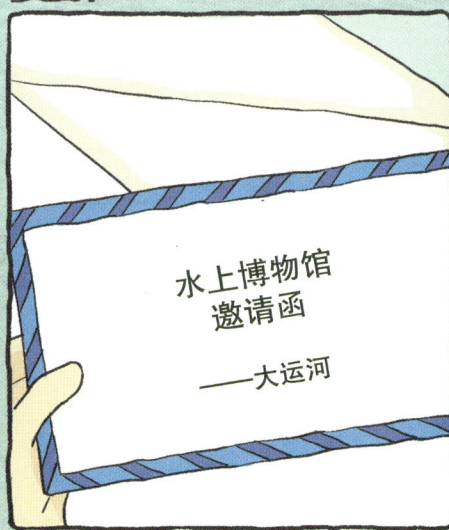

原来是大运河邀请咱们去探寻它的前世今生。

什么声音？

这又是哪儿呀？怎么我又要挖土了？

我们应该还在隋唐大运河流域。赶紧干活儿吧！

为什么一直是我在干体力活儿啊？

大运河到底有多长？我要挖到什么时候呀？

那我们一起去看看？

好吧……看来惊心动魄的旅程还要继续……

隋唐大运河

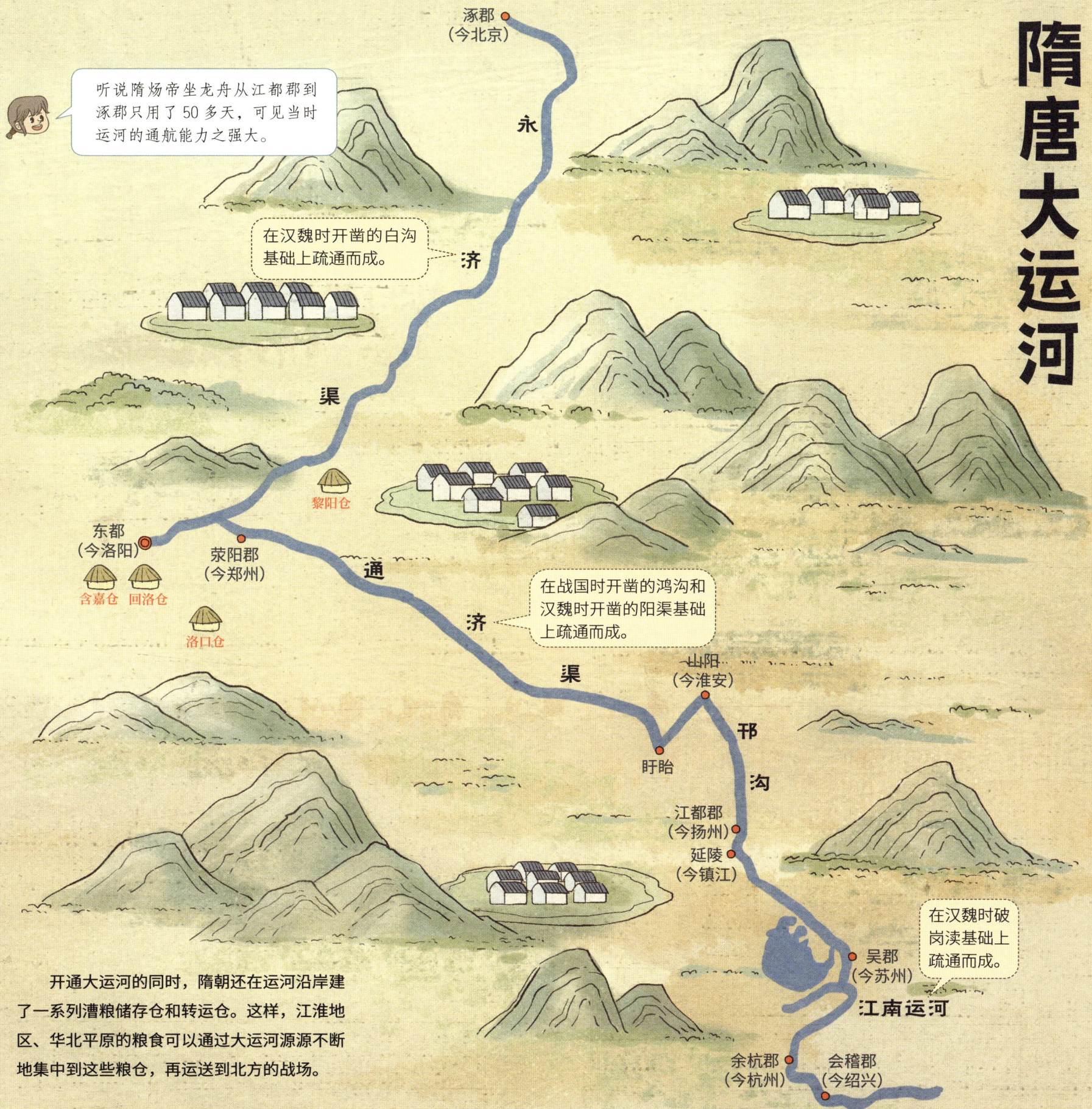

听说隋炀帝坐龙舟从江都郡到涿郡只用了50多天，可见当时运河的通航能力之强大。

涿郡
(今北京)

永

济

在汉魏时开凿的白沟基础上疏通而成。

渠

东都
(今洛阳)

荥阳郡
(今郑州)

黎阳仓

含嘉仓　回洛仓

洛口仓

通

济

渠

在战国时开凿的鸿沟和汉魏时开凿的阳渠基础上疏通而成。

山阳
(今淮安)

盱眙

邗

沟

江都郡
(今扬州)

延陵
(今镇江)

在汉魏时破岗渎基础上疏通而成。

吴郡
(今苏州)

江南运河

余杭郡
(今杭州)

会稽郡
(今绍兴)

开通大运河的同时，隋朝还在运河沿岸建了一系列漕粮储存仓和转运仓。这样，江淮地区、华北平原的粮食可以通过大运河源源不断地集中到这些粮仓，再运送到北方的战场。

天下粮仓——含嘉仓

粮食在古代战争中有多重要？

隋大业元年（605年），隋炀帝开始营建东都洛阳，在皇城内建起含嘉仓。隋朝末年，饥民流离，农民纷纷起义，粮食成为扭转战局的关键，起义军也争相抢占粮食，吸引饥民投奔，从而扩大军事力量。唐朝时，李世民深刻认识到粮食在战争中的重要作用。为了保护洛阳城的粮食安全，他把粮食都囤在了城内的含嘉仓。

含嘉仓有多大？又囤了多少粮食呢？据勘测，含嘉仓的面积约为45万平方米，超过了故宫面积的一半，里面有数百座仓窖，每个仓窖能装50万斤粮食。唐天宝八年（749年），含嘉仓储粮量达580余万石（1石约为100斤），约占全国储粮量的一半，是当时全国最大的粮仓。

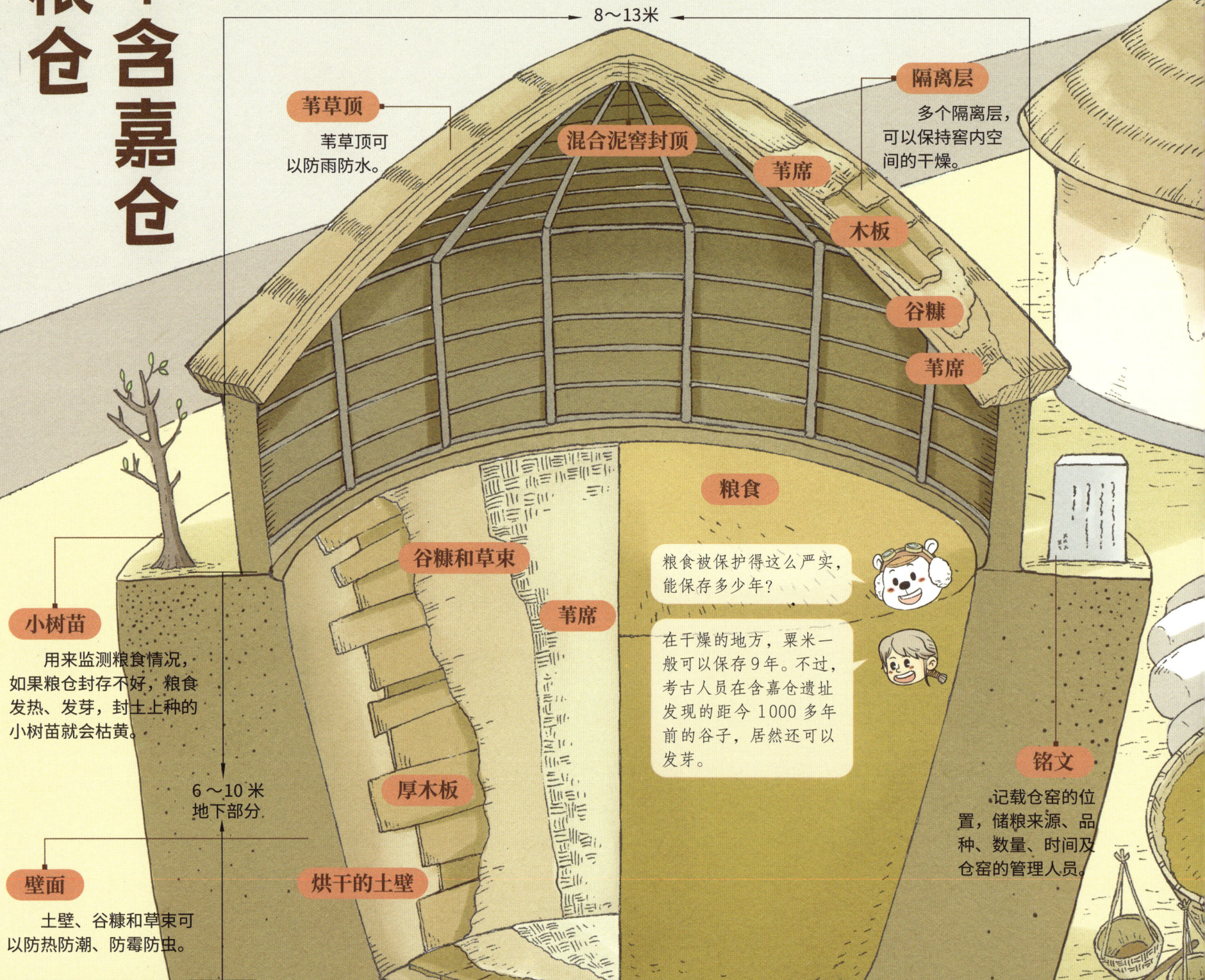

8～13米

苇草顶
苇草顶可以防雨防水。

混合泥窖封顶

隔离层
多个隔离层，可以保持窖内空间的干燥。

苇席

木板

谷糠

苇席

粮食

粮食被保护得这么严实，能保存多少年？

在干燥的地方，粟米一般可以保存9年。不过，考古人员在含嘉仓遗址发现的距今1000多年前的谷子，居然还可以发芽。

谷糠和草束

苇席

小树苗
用来监测粮食情况，如果粮食封存不好，粮食发热、发芽，封土上种的小树苗就会枯黄。

6～10米
地下部分

厚木板

铭文
记载仓窖的位置，储粮来源、品种、数量、时间及仓窖的管理人员。

壁面
土壁、谷糠和草束可以防热防潮、防霉防虫。

烘干的土壁

运粮车

粮食主要来自河北、山东、河南、江苏和安徽等地。

窖口

盖上席子，用土密封。

唐

粮食

储粮以含麸皮的粟米为主，可以存放更久。

13

千里赖通波

粮食
北宋初年，每年从江淮地区运往都城的粮食有六七亿斤，中期甚至有十多亿斤。

城铺
北宋东京城繁华时人口超过百万，城中店铺多达 6400 余家。

街道司
巡查街道的"城管"。

地摊
宋朝市场自由，可以摆地摊做生意。

瓦舍
娱乐场所，表演评书、戏曲和杂技等各种节目。

送餐人
北宋时就有"外卖小哥"了。

糕

柳树

汴河经常泛滥，故栽植榆柳用以治水。

通济渠连接黄河与淮河，唐宋时期依然是连接南北的交通要道，被称为"汴河"。正如《汴河怀古二首》（其一）所描绘的，"万艘龙舸绿丝间，载到扬州尽不还"。960 年，北宋定都东京开封府，汴河成为通往江南地区的主要水上运道，承担着大部分的漕运任务，维系着宋朝的经济与统治。

僧人

来进行文化交流的日本僧人。

991 年，东京城附近的河渠决口，北宋第二位皇帝宋太宗闻讯，亲入泥淖视察灾情，还说："东京养甲兵数十万，居人百万家，天下转漕，仰给在此一渠水，朕安得不顾！"可见汴河的重要。

酒

香铺

喜欢再来，小店通宵不打烊。

羊肉、头肚、腰子、炒兔、河豚、蛤蜊、螃蟹、香药果子嘞！

这有什么关系，百姓喜欢看的，就是合适的。

兵

柳店

这这这，太有违礼仪了！

京杭大运河

通惠河
元朝著名水利专家郭守敬主持开凿。

大都
（今北京）

通州

白河

原为海河的支流，今天称为北运河。

海津镇
（今天津）

卫

沧州

河

原隋唐大运河永济渠河段。

陵州
（今德州）

临清

会

新乡

元朝新开凿的运河，受黄河影响较大。

通

河

徐州

宿迁

山阳
（今淮安）

清江

淮　河

邗沟

扬州

镇江

江

常州

南

无锡

吴县
（今苏州）

运

嘉兴

河

杭州

庆元
（今宁波）

浙东运河

元朝定都大都（今北京）后，为了更便捷地把物资从南方运到北方，把Y字形的隋唐大运河"拉直"，修建了从大都直达杭州的京杭大运河。新的运河全长1700多千米，比绕道洛阳的隋唐大运河节省了900多千米航程。

会「喝水」的海绵城市——苏州

像海绵一样的城市是什么样的呢？这样的城市不仅会"呼吸"、能"喝水"，还能通过控制城市水量，弹性应对水患灾害。

这座"海绵城市"就是城市面积几乎一半都在水中的苏州，它有一个不用担心被水淹没的神奇秘诀。

▌盘门

春秋末期，吴国在开挖邗沟之前，还做了一件轰轰烈烈的事——建造吴国都城姑苏（今苏州）。

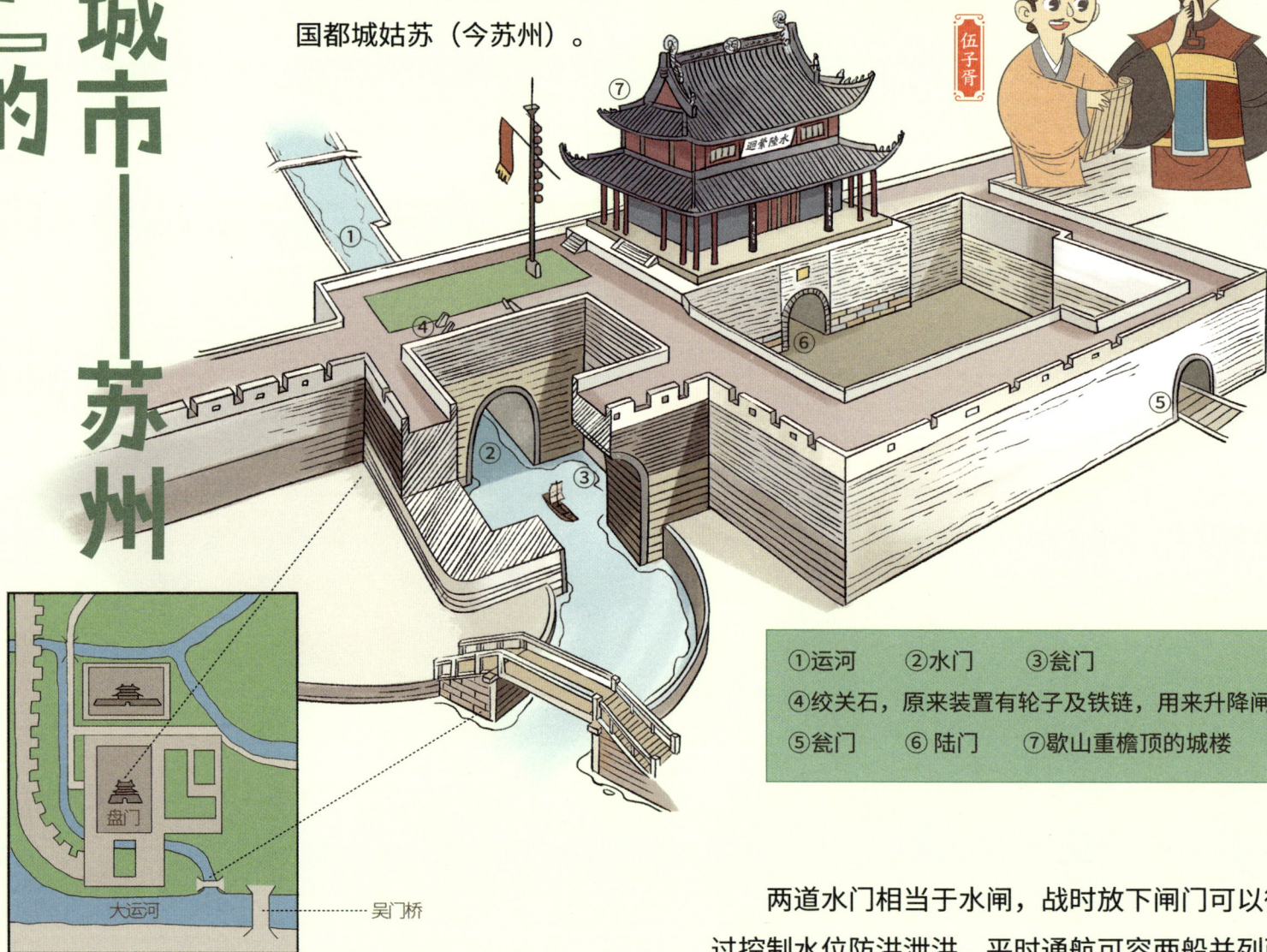

姑苏北近长江，西有太湖，水陆交通便利，是建都的好地方！

水多是好，但也容易被淹……不如填水造陆吧。

伍子胥

吴王阖闾

盘门平面图

大运河 —— 吴门桥

①运河　②水门　③瓮门
④绞关石，原来装置有轮子及铁链，用来升降闸门
⑤瓮门　⑥陆门　⑦歇山重檐顶的城楼

为了应对水患，伍子胥给姑苏城设置了八座水陆并列的城门。现在仅剩的盘门是中国唯一保留完整的水陆并列古城门。它由两道陆门、瓮城与水门组成。

两道水门相当于水闸，战时放下闸门可以御敌，汛期通过控制水位防洪泄洪，平时通航可容两船并列而过。从此，姑苏开启了两千多年"以水治水"的水城模式。

出了两道水门，对面就是吴门桥。水从吴门桥下流过，进入浩浩荡荡的大运河，苏州城内水流得到进一步调节。

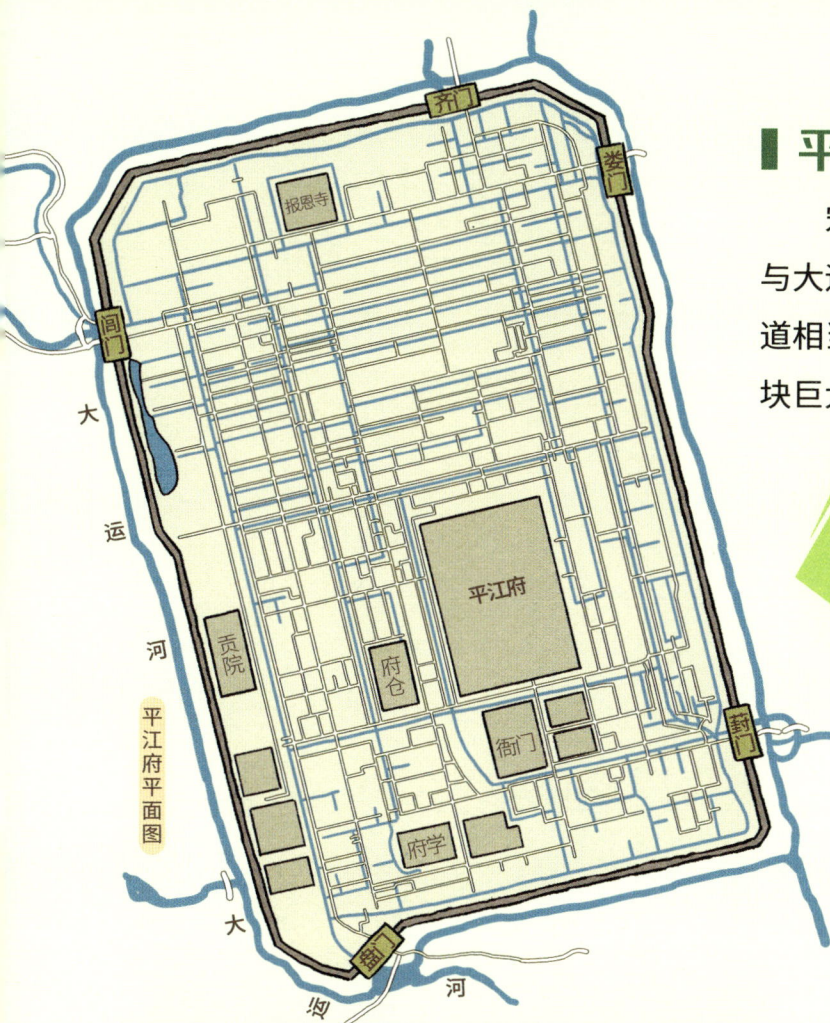

平江府

宋朝时的苏州叫平江府，地域内的平江河与大运河相通，河道密布全城。数以百计的河道相当于一个个小型水库，让整座城市变成一块巨大的海绵，可以自主调控蓄水量。

如今，苏州仍沿袭着古代的水陆格局，有大小河流 2 万多条、湖泊 300 多个，城市的水域面积达到 40% 以上。

真好，小雨不积水，大雨不内涝。如果当初开封也这样就不会被淹得那么惨了！

咦？这幅"棋盘"好像有点歪？

平江府的中轴线向西偏了 7 度左右，恰好与当地的夏季风向一致。这样一来，河道成了城市的通风走廊，可以调节和改善城市的气候。

宋仁宗

河道像棋盘，街道也像棋盘，河街并行、纵横交错，构成极具特色的"双棋盘式格局"。

平江府平面图

报恩寺

大运河

贡院

府仓

平江府

衙门

府学

大运河

虎丘云岩寺塔

位于山塘河西侧河岸边，建于公元 959 年，因其独特的地理位置、建筑形制，成为大运河苏州段的航标性建筑。

宝带桥

宝带桥始建于唐朝，因形似宝带而得名，南北横卧于大运河和澹台湖之间的玳玳河口，与古运河平行，全长 316.8 米，有 53 个桥孔。全桥各孔都可以通航，其中 3 个大孔可以通过大型船舶，其余均为小孔。这样的设计可以降低桥面，既减轻了桥本身的重量，又便于拉纤挽舟，亦有利于泄水，可谓匠心独具。

宝带桥在历史上几经损毁和修复，是中国现存的古代桥梁中最长的一座多孔石桥。

大运河畔的丝业传奇

大家好，我是来自南浔镇辑里村的莲心蚕。今天，我要给大家表演一个祖传绝技！

莲心蚕

酝酿……

一根蚕丝竟能承受8枚铜钱的重量，韧性也太好了！

哇，这是怎么做到的？

南浔气候温和，土质黏韧，当地桑叶水分饱满、口感肥美。

蚕宝宝吃得好、睡得好，发育得自然也好。所以蚕的体态比别处的蚕要丰盈，吐出的丝具有"细、圆、匀、坚、白、净、柔、韧"的特点。

稍微长点，大点。

普通蚕茧

莲心蚕茧

由于蚕茧小似莲子，所以我们被称为"莲心蚕"。而吐出的丝因产于南浔镇辑里村而得名，被称为"辑里湖丝"。

南浔湖水

普通水

南浔还有"水重丝韧"的说法，南浔镇的湖水含有丰富的矿物质，5升这里的湖水要比5升普通水重100克。所以，这里的湖水缲（sāo）的丝更具韧性。

那辑里丝和大运河有什么关系呢？

辑里丝能走向世界，大运河功不可没。

你看，这条水路就是大运河的支线頔(dí)塘故道，多亏了它，辑里丝才能沿着运河进入皇宫。清末，頔塘把蚕丝运往松江府（今上海），再从那里销往欧美和东南亚。

辑里丝果然名不虚传，以后都让湖州府进贡吧。

咦……这里的桥好像比江南其他地方的桥更高，桥拱弧度更圆。

是的，南浔的船主要运送蚕丝。丝重量轻、体积大，比运粮船吃水要浅，桥拱不建得高一些的话，运丝船就过不去啦。

哇，太棒了！

这是我们民族的骄傲！

世界上最好的蚕丝来自中国，中国最好的蚕丝来自江南地区，江南地区最好的蚕丝来自湖州，湖州最好的蚕丝来自南浔，南浔最好的蚕丝就是我们莲心蚕吐出的辑里丝！

大运河不仅将辑里丝送进皇宫，还帮它走向了世界。1851年，丝商徐荣村携辑里丝参加英国伦敦举办的首届世界博览会，获得了金奖，徐荣村经营的"荣记湖丝"因此成为中国第一个获得国际大奖的民族品牌。

大运河上的『黑科技』——长安闸

连接杭州和嘉兴的大运河有一段河道存在 1.5 ～ 2 米的水位差，无法顺利通航，为了克服水位差，古人修建了世界水运史上最早的复式船闸——长安闸，它可是运河船闸中的"老前辈"。

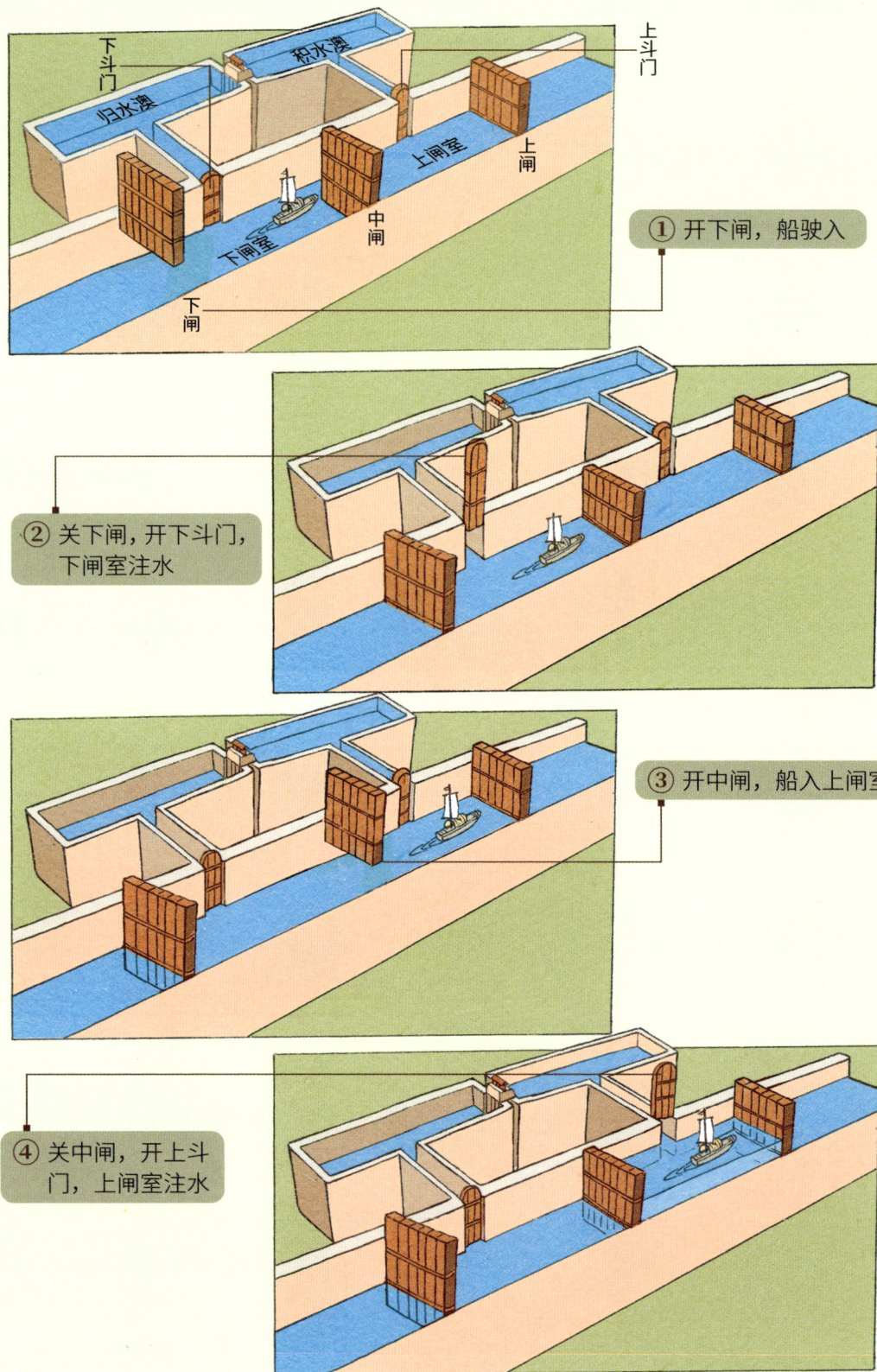

下斗门　积水澳　上斗门

归水澳

上闸室　上闸

下闸室　中闸

下闸

① 开下闸，船驶入

② 关下闸，开下斗门，下闸室注水

③ 开中闸，船入上闸室

积水澳

④ 关中闸，开上斗门，上闸室注水

22

积水澳（上澳）

"澳"是蓄水池的意思。通过斗门、闸门的联合运用，积水澳和归水澳中的水可以调整闸室内的水位，从而确保船只顺利通航。

长安闸

长安闸采用三闸两澳的复式结构设计，闸就是隔水的闸门。古代没有电力，船闸只能靠人力或畜力拉动，为了节省力量，每次都要攒到足够数量的船再开闸放行。

翻水车

上斗门

上闸

上闸室

闸室

一个闸室可以容纳40艘漕船，且可以同时双向通行。也就是说，上下闸联动开一次可以让80艘漕船通过。

归水澳
（下澳）

下斗门

中闸

下闸室

下闸

快行道

万一有急事等不了怎么办？别担心，可以去走"快行道"。"快行道"中修建了水坝，只要将绳索拴在船上，再借助水坝左右岸边的两个轳轳牵引船只翻坝，就可以让船优先通过了。

水坝

正在翻坝的船只

钱塘自古繁华

北宋词人柳永曾在词中写道："东南形胜，三吴都会，钱塘自古繁华。"你可能知道，钱塘是杭州的古称，但你可知道杭州的繁华源于大运河？

秦统一六国后，在灵隐山麓设县治，称钱唐，属会稽郡，这是杭州最早见于历史的记载。当时的杭州只有 4000 多户人家，即使南朝山水诗人谢灵运多次将它写入诗中，也未见其盛名。之所以如此，在于杭州受江潮影响较大，尚未形成便利的交通运输体系。直到隋炀帝下令重新疏凿和拓宽长江以南运河古道，形成江南运河，并使它联入大运河，杭州因此成为大运河体系中的东南枢纽城市，一直繁荣至今。

拱宸桥

风景真美啊！怪不得康熙、乾隆皇帝要几次来杭州呢。

主要还是来监督漕运的吧……

我把西湖水引入大运河，解决数十万亩农田的灌溉问题。在早期时，西湖水也可以补给大运河，保证了大运河持续通航的功能。

唐朝诗人白居易

吴越王钱镠

我再挖大三倍，然后把西湖水引入城内运河。

西湖

▌拱宸桥

三孔石拱桥，位于杭州，始建于明末，是明清时期京杭大运河的地标性建筑和终点标志。

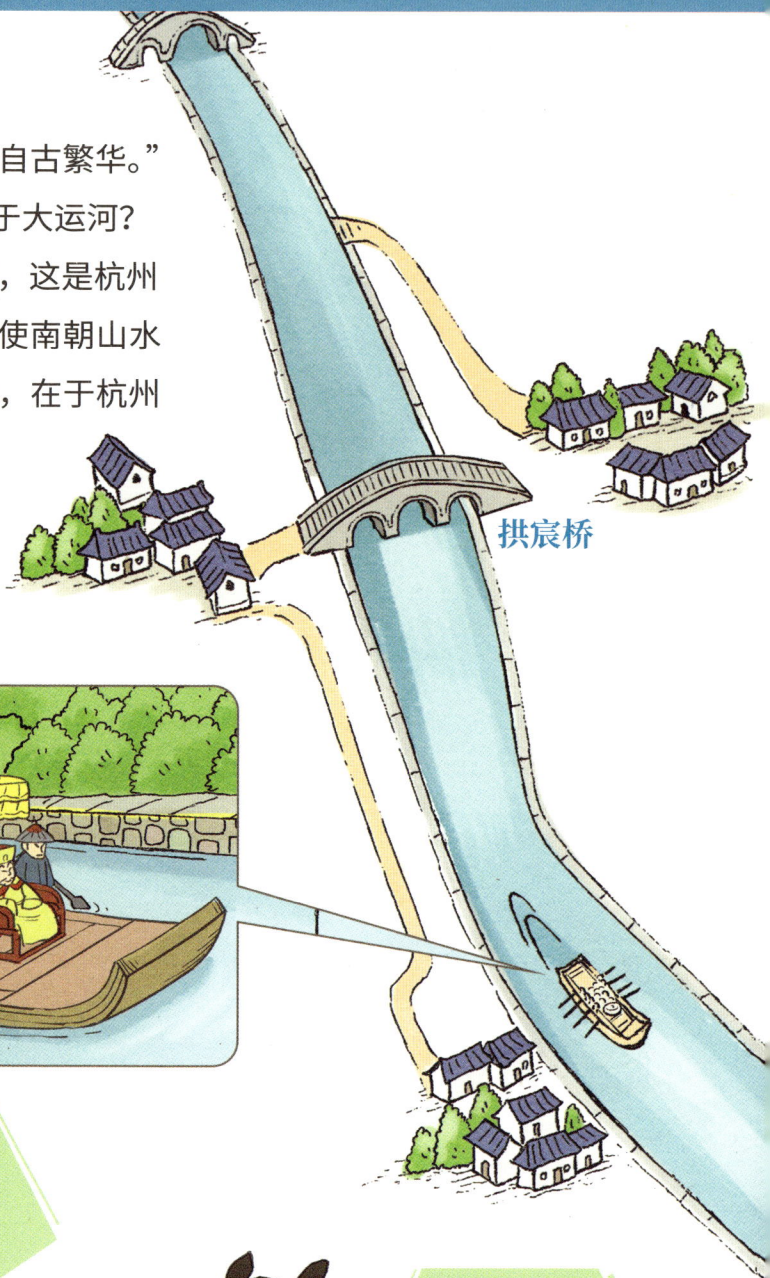

香积寺

始建于北宋，原名兴福寺，后来宋真宗赐名"香积寺"。寺中供奉的是监斋菩萨（相当于民间的灶神）。据记载，当年这里是佛教信徒从运河到灵隐、天竺朝山进香的必经之地，寺门前的大运河每天有千余船只往来。

香积寺

富义仓

富义仓

建于清末，名字取"以仁致富、和则义达"之意，是京杭大运河沿岸保存最完好、规模最大的"天下粮仓"，也是杭州运河沿岸保存较完整的古代城市公共仓储建筑群。

因为各种原因，西湖淤塞得快荒废了。我得先疏浚西湖，然后利用湖中淤泥建堤坝。

北宋文学家苏轼

西湖真美啊！

西湖

西湖和大运河的渊源颇深。京杭大运河的古航道上塘河地势较高，经常缺水，过去靠将西湖的水往北引入上塘河，让其顺利通航。如今的西湖水，除自然水源外，主要靠从钱塘江引水，进入西湖后，沿古新河汇入大运河。

漕运之都——淮安

淮安，古称"淮阴"，在江苏省中北部，有 2000 多年的建城史，曾"因运而兴、因运而盛"，与苏州、杭州、扬州并称运河沿线的"四大都市"。今天还能在淮安看到漕运总督府和江南河道总督府（今清晏园），也能看到大型的水利工程。

▌运河上的大工程——清口水利枢纽

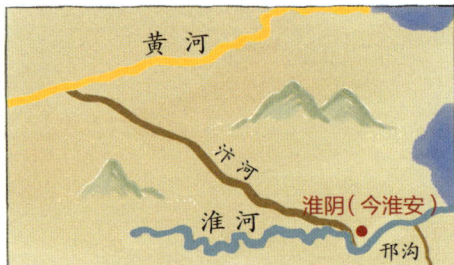

吴国开凿邗沟之后，大运河与淮河平稳交汇，漕运畅通无比。

宋朝时，黄河多次决堤，滚滚的河水一路向南，抢夺了淮河河道，向东奔流入海。

淮河的入海通道被黄河带来的泥沙淤塞，在中游形成了中国四大淡水湖之一的洪泽湖。随着元代会通河的开凿，黄河、淮河和大运河正式交汇在一起。

> 洪泽湖的位置曾有许多小湖，黄河入淮之后，水位抬高，大小湖沼、洼地连成一片，汇聚成大湖。

黄河以泥沙多著称，这些泥沙淤积在淮河河道，导致淮河水流不畅，水位抬高，河水倒灌进大运河。泥沙又在大运河的河底淤积，使原本就不深的大运河变得难以通航，同时还增加了因水位抬高而造成决口的风险。

携带泥沙的淮河水

怎么全是沙子？

大运河

怎么办呢？ 明朝的治河专家潘季驯提出了"束水攻沙""蓄清刷黄"等治水思想。

1. 在淮河河道中修建束水坝，将河道变窄，提高水流速度。

遥堤

月堤

缕堤

束水坝

2. 给洪泽湖修建大堤。洪泽湖大堤又叫高家堰，它抬高了洪泽湖的水位，湖水因此可以冲刷淮河河床的泥沙。

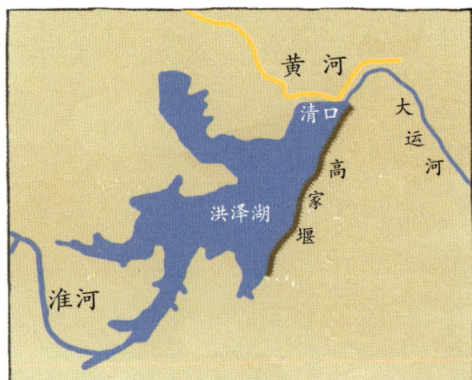

黄河

清口

高家堰

大运河

洪泽湖

淮河

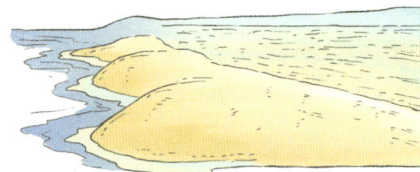

高家堰蓄起淮河清水，冲刷清口以下黄河与淮河共用的河槽的淤沙；再用之字形河道和闸坝，解决淮河水与运河水落差太大的问题，这里就是清口水利枢纽的核心地域。

漕运总督府

漕运总督府

淮安地处运河南北适中之地，向北可控制漕船过黄河、入闸河，向南可控制江浙一带的漕船。于是，明清两代均在这里设置了漕运总督，他们的主要任务是督促涉漕各省经运河输送粮食到京师。

可以说，明清两代，江南八省的钱粮在漕运总督府汇集转运，皇城仓廪都需要这里的钱粮来填充，文臣武将的薪水、军资、物备都由这里来满足。

从漕粮收缴、起运，到漕船北上、抵达通州，漕运总督都要亲自稽核督查，运输过程中出现的重要情况，均需随时向皇帝报告。

漕运码头

淮安水利枢纽大运河立交工程

2003 年完工的淮安水利枢纽大运河立交工程是亚洲最大的水路立交工程。货轮在京杭大运河水面上南北行驶。在运河水面下，自西向东流淌的是淮河入海的水，与京杭大运河呈十字形交汇。

灿烂，立交桥你肯定见得多了，但你见过水路立交桥吗？

河水和河水叠起来吗？

京杭大运河

淮河入海水道

淮安水利枢纽大运河立交工程

因盐兴盛的城市——扬州

我们的日常饮食离不开盐，你知道历史上有一座因盐兴盛的城市吗？那就是扬州。也许你会问，扬州不临海，也不产盐，那么，它怎么会在历史上成为盐业的龙头城市呢？

春秋时期开始征收盐税，实行盐专卖。东海、两淮地区是我国食盐的重要产地。扬州靠近两淮，濒临长江，加上有大运河穿城而过，水陆通达，凭借得天独厚的地理位置和运输条件，成为食盐的集散地。

西汉时，造反的吴王刘濞（bì）在广陵（今扬州）煮海为盐，开挖运盐河，为两淮地区和扬州之间打造了一条"捷径"，推动了扬州盐业的繁盛。

明朝的宋应星在《天工开物》中把盐分作"海、池、井、土、崖、砂石"六种，煮海为盐是制盐的主要方式，而东海是海盐的主要产地。

人人都要吃盐，我经营食盐还用不上税，得赚多少钱啊！哈哈，造反有底气了。

刘濞

修建这个园子花了我好多钱，该豁免点盐税了吧！

竟然这么奢华，看来还是盐税收得太少了啊！

富有的盐商用万贯家财来修建府邸、园林。康熙、乾隆皇帝多次南巡的开销大多来自扬州当地的盐商大户。

明清时期，两淮地区的食盐经扬州中转，或沿大运河销往北方，或沿长江而上销往中原各省。来自陕西、山西和徽州等地的商人看到了盐业的商机和丰厚的利润，纷纷集结到扬州，被称为"扬州盐商"。

据统计，乾隆三十七年（1772年），扬州盐商一共赚银1500万两以上，上缴盐税600万两以上，约占全国盐税的60%，占世界经济总量的8%，可谓富甲天下。

盐商虽然有钱，但因为当时有"重农抑商"的思想，他们的政治地位并不高。为了博得良好的社会声誉，盐商们积极资助本地知名文化人，其中就包括以"扬州八怪"为代表的书画家。

唉，没钱还债，没钱修房，没钱娶妻……

这点小事叹什么气，只要你出作品，我就资助你。绝对不让你吃亏！

郑板桥

盐商

"扬气"是随着扬州盐商的繁荣而产生的一个词，指奢华、讲究到极致的生活风气。

哇，扬州园林太"扬气"了！

盐商还大力赞助各个文化领域，带动了扬州本土文化的繁荣。

修建书院　　扶植戏曲事业　　促进淮扬菜走向兴盛　　修筑扬州古城

个园

个园是扬州盐商的私家园林，以竹石闻名，是中国古典园林的杰出代表。它有三个多标准足球场那么大，建造花费了约20年时间，耗银600万两，相当于当时江苏一年的财政收入。

傍湖而走的中河

京杭大运河的中河河段南接淮扬运河，北接会通河。元朝时中河河段曾借黄河河道行船。但黄河含沙量大，河中险滩多，还经常决口，实在不利于航行。为了解决这个问题，明清两代先后在南四湖、骆马湖侧岸开凿运河，实现运河与黄河的分离，并最终形成如今的中河路线。

水闸

浅窄的运河比宽广的湖泊更容易运用水闸调节水位。

被风吹翻的货船

湖泊大，风浪也大。古代内河运输多用图中这种木制帆船，抗风浪能力差。而运河能使船只避开风浪，保证船只平稳航行。

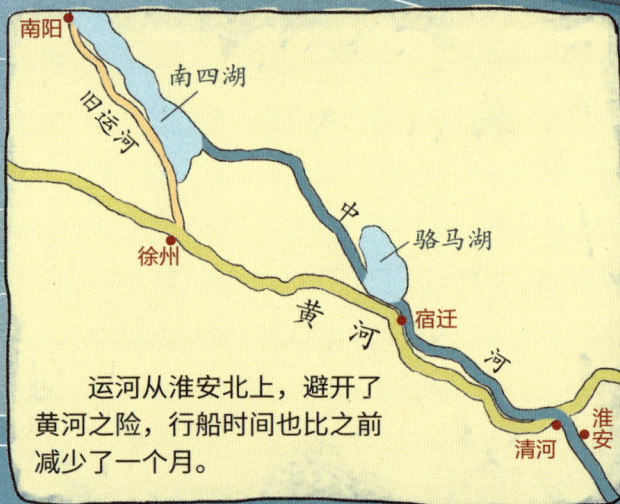

南阳
南四湖
旧运河
中河
骆马湖
徐州
黄河
宿迁
清河
淮安

运河从淮安北上，避开了黄河之险，行船时间也比之前减少了一个月。

就指望着今天的货船让兄弟们吃饱饭了！

水贼

这里还有一个不可忽视的安全隐患，就是盘踞在湖面的水贼，不知道什么时候他们就突然冒出来，将漕运船队洗劫一空。

古人为什么不直接用南四湖、骆马湖作为航道，而要费时费力地开凿新的运河呢？当然是为了保证漕运安全！你知道湖泊行船存在多少安全隐患吗？

货船在大运河的某些河段上要靠纤夫挽拉才能前进，这是为什么呢？

大运河的某些河段，地形复杂或干旱少雨，泥沙淤积，又或者逆水行舟时，货船必须由纤夫挽拉前进。

纤夫拉货船

古代的船没有发动机，大货船几乎都要靠纤夫拉着前行，所以航道不能太宽，而且两岸要有坚实的陆地让纤夫行走。

搁浅的货船

湖泊夏秋涨水，容易泛滥；冬春枯水，容易使船搁浅，无法航行。但运河能通过湖泊调节水量，防止这两种情况出现。

为什么我们的旅程总是这么惊险！

这里太危险了！

触礁的货船

大型湖泊水域复杂，经常发生触礁事故。而运河只要定期疏通，基本没有什么航行安全问题。

运河水脊——南旺

我们知道，山脊是山的高处像兽类脊梁骨的部分。那水脊呢？顾名思义，就是像脊梁骨一样的水的高处。大运河就有这样一处水脊。

流过华北平原之后，大运河遇到一路上最高的阻碍——山东丘陵。在会通河段，古人要逆水行舟，让货船往高处走。

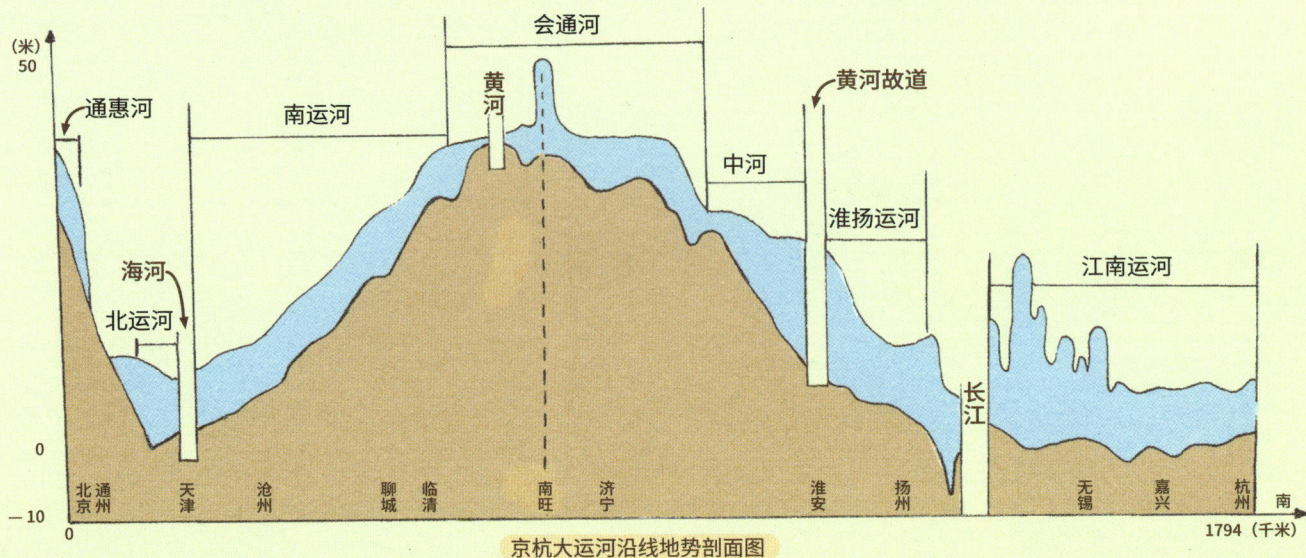

京杭大运河沿线地势剖面图

为了让货船"爬升"，会通河上建有多达 45 个梯级船闸。用闸控制河流水位，分段行船，可以实现对河流水源的调配和水道水深的控制。因为闸坝林立，会通河又被称为"闸河"。

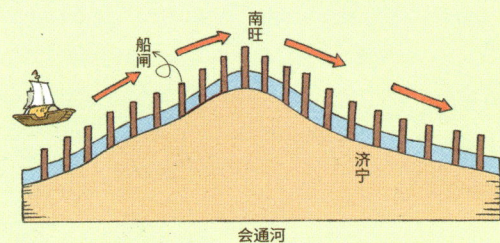

会通河船闸示意图

开闸放水

上下闸水平衡后行船

继续开闸放水，待水面持平后行船

船只爬升时开闸放闸示意图

不过，要使下游的船能够顺利爬升，上游就必须有足够的水，会通河最大的问题就是留不住水。

为了补给会通河的水量，元朝把周边河流的水引到济宁，在济宁进行南北分流。但济宁不是会通河的最高点，导致分水时南流偏多，北流偏少。在枯水期，北流水不够，货船只能水运转陆运，大大增加了运输的时间和成本。

叠梁闸

这种船闸叫叠梁闸，由多块单独的闸板组成，一块一块依次放入槽内，叠成一个平面挡水的结构。槽上还有一条滑道，单块闸板可以顺滑道下放，由此来控制下游的水量。

汶河

小汶河

开挖小汶河，将汶河水引至南旺分水口，向运河供水。

戴村坝

建戴村坝拦截汶河水。坝呈弧形，弓背向着迎水面，增加坝的负荷。

汶河属山溪型河流，河水涨枯明显，兴建南旺、马踏、蜀山等湖围堤，建成南旺水柜，可以在汛期利用小汶河引流蓄水，旱季给大运河补水。

为什么小汶河的引水河道要修得这么弯弯绕绕？

这叫S形河道，戴村坝和会通河的落差超过13米，引流冲击力很大，这么修，既能缓冲水流，降低对运河道的冲击，又能沉降泥沙，减少淤积。

直到明永乐九年（1411年），工部尚书宋礼重修会通河时，采用民间水利专家白英的建议，将制高点改到南旺，并修建了引水工程——南旺枢纽，才改变了这一局面。

泉水

从周边山头引泉水，多方补充小汶河水源。

徐建口斗门

永泰斗门

蜀山湖

马踏湖

分水口

闸门、斗门

在河与湖之间建造众多闸门、斗门，多闸联动，可以有效调控各水体水量。

十里闸

会通河

柳林闸

寺前闸

分水龙王庙

为纪念宋礼、白英建立的南旺水利枢纽工程而建。

除了南旺枢纽工程，明清两代还严格规定，南旺诸湖周围严禁民间引水灌溉和围垦，有效地减少了百姓生活对运河的影响，维持了水柜的调蓄作用，使会通河漕运量大大增加，畅通数百年。

南旺湖

从这儿过，得交钱！

今天，车辆在高速公路上行驶要缴费；明清时期，船在大运河上航行也要交钱。明朝时交的是当时官方发行的唯一纸币——大明宝钞，所以收费关卡被称为钞关。钞关类似于现在的地税局，隶属于户部（相当于现在的财政部）。

明朝为了增加国库财政收入，自北向南设立了崇文门、河西务、临清、淮安、扬州、浒墅、北新（杭州）、九江八大钞关。八大钞关中唯一现存的钞关是临清运河钞关，它设立最早，地位最突出。明朝万历年间，临清钞关年征收税银数量曾占到全国钞关税银的四分之一，居八大钞关之首。

①填写清单

运往北京城修建故宫的贡砖船。

为什么这里的船这么多？

明清两代都曾实行海禁政策，京杭大运河就成了全国商品流通的主航道。而临清又是南北必经河道，商船自然会多些。

②核验清单

③发放船筹

④发放货票

利玛窦

⑤开关放行

临清运河钞关征收船税和商税。

商税是指政府根据船载货物的价值，按照一定的比例收取，由商户缴纳的税费。

船税是指政府根据造船所用木料的多少，按照税款规定，由船户缴纳的税费，又叫"船料钞"。比如一艘船用了 20 根木料，就是 20 料船。一根普通的船用木料浮在水中可以承重 300 多斤，因此船的一料视为装载 300 斤的货物。

明代将大运河分为南京至淮安、淮安至徐州、徐州至济宁、济宁至临清、临清至通州等航段，都是每100 料交费 100 贯。那么从南京到北京，100 料要交费多少呢？

后来，由于船料不易核查，改为根据船只的梁头尺寸征税。

一艘商船是怎么在钞关完税的？

①填写清单：衙役开具船单和货单。船户填写船单，开列船只、船户基本信息；商户填写货单，开列货主、货物基本信息。

②核验清单：呈交船单和货单，经税吏核实后，计价定税，填写税单。

③发放船筹：船户缴纳船税，关署根据船的类型、梁头发给对应船筹。

④发放货票：商户缴纳商税，关署发放货票（印票）作为缴税凭证。

⑤开关放行：关卡收缴船筹，核查货票，无误则开关放行。

运河弯弯到沧州

大运河一共流经 20 多个城市，你知道在哪个城市流经的里程最长吗？答案是河北省沧州市。

沧州在运河城市中面积不是最大的，但大运河沧州段的"弯道技术"是最强的。在大运河流经沧州的 215 千米距离内有 230 多个弯，几乎每千米都要弯一弯。

> 咦？我们傍晚就出发了，怎么到了半夜，船还没出沧州？

沧州为什么会有这么多弯弯？这就要说到南运河的地势了。

南运河弯道的最高点在山东德州，与最低点天津海河三岔河口的高低落差达 20 米左右，超过 6 层楼高。这么大的落差，让水流变得湍急，航行风险大大增加。

为了控制水势，人们在南运河自然河道的基础上开挖人工弯道，以延长河道长度的方式放缓河道的坡度，减缓水流速度，降低行船压力。这种不建一闸而解决水流问题的设计，被称为"三弯抵一闸"。

> 沧州红孩口河湾处有一道独特的 Ω 形大弯，直线距离最短处仅 160 米，这段运河长度却达 2000 米。

> 想不到糯米还有这种功能！

> 是不是很神奇！屹立千年不倒的长城，其城墙在砌筑时也使用了糯米浆哦。

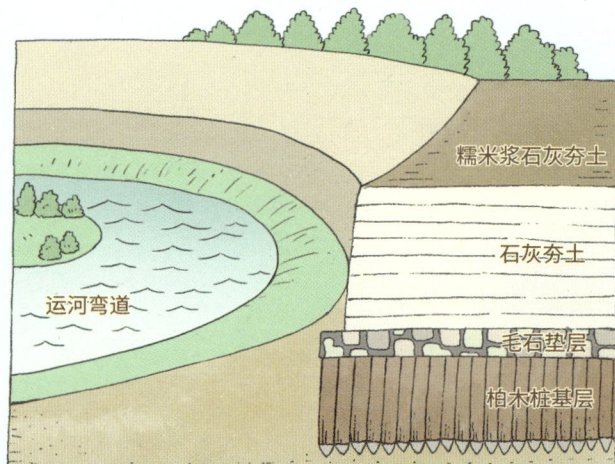

然而，这种弯道设计有一个隐患，当洪水来袭时，水流在弯道处的冲击力度较大，易把弯道冲垮，给周边地区带来灾害。不过，聪明的古人也想出了应对的妙招，就是在修建堤坝时使用一种神秘"添加剂"——糯米浆。

糯米是粮食，怎么被用来筑坝了？原来，糯米浆跟石灰中的碳酸钙会发生化学反应，使原本的石灰凝结力和防水作用更强大。经研究发现，石灰中加入 3% 的糯米浆后，抗压强度提高了 30 倍，表面硬度提高了 2.5 倍。沧州人还用"铁帮"来形容糯米大坝的结实。

糯米浆石灰夯土

石灰夯土

运河弯道

毛荐垫层

柏木桩基层

谢家坝剖面图

> 谢家坝，也称"糯米大坝"，虽然是用柔软的灰土与糯米浆夯成的，却是运河沧州段沿岸最坚固的堤坝。

沧州是大运河上重要的商品集散中心，这里弯道多、航道长、自然码头多、仓库多、货物多。这样一来就需要有人守卫和押送，于是运河沿岸产生了一个新的行当——镖行。

看不见我，看不见我，看不见我……

吴桥杂技

沧州是武术之乡，诞生过许多武艺高强的镖师。为了表示对沧州武术界的尊重，镖行形成了一个"镖不喊沧"的规矩，意思是走南闯北的镖车，到沧州时都会扯下镖旗，不喊镖号，悄然而过。

酒

张家湾来的"北漂"

古时有句俗语："流成的杭州，漂来的北京。"为什么说北京城是漂来的呢？原来，明成祖朱棣要把都城从南京迁到北京，所以重修了北京城。建城所需的大量材料都要从外地采办，它们沿着大运河"北漂"，来到张家湾，再通过陆运转送到北京城内。

青砖

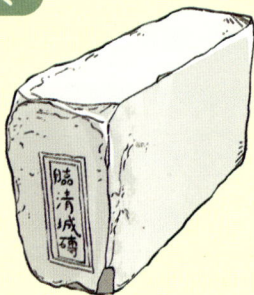

从山东临清"漂"来。临清位于黄河冲积平原，沉积了大量细腻、富含铁的沙土，制成的砖抗压强度比普通砖高很多。

木材

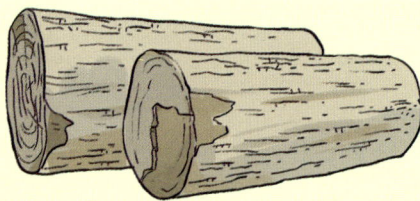

从长江上游的深山老林"漂"来，多为珍贵名木，运送时间长达两三年。

太湖石

从苏州"漂"来，又叫假山石，是石灰岩受到湖水长时间侵蚀后形成的，姿态万千，有较高的观赏价值。

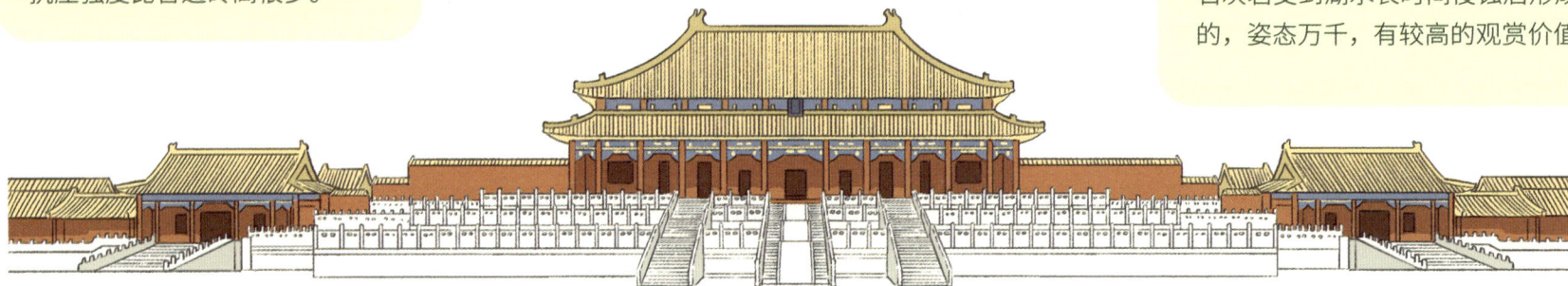

花斑石

花斑石色彩斑斓，是极其珍贵的天然石料，它的名贵并不亚于太和殿的金砖。皇家御用的花斑石多来自河南浚县和江苏徐州等地。

这么多的材料，都卸在张家湾，怎么放得下呢？

为了存储各种建筑材料，明代专门在张家湾修建了皇木厂、铜厂、砖厂、花斑石厂等专用堆场。

金砖

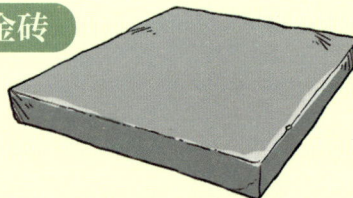

从苏州太湖"漂"来。虽然名字叫金砖，但它并不是用黄金做成的。因为它的制作成本非常高，价格如同黄金一样昂贵，才这样命名。

不仅营建材料是从大运河"漂"来的，北京人的吃穿用度也有很多是从大运河"漂"来的。你知道还有哪些曾在张家湾歇脚的"北漂"吗？

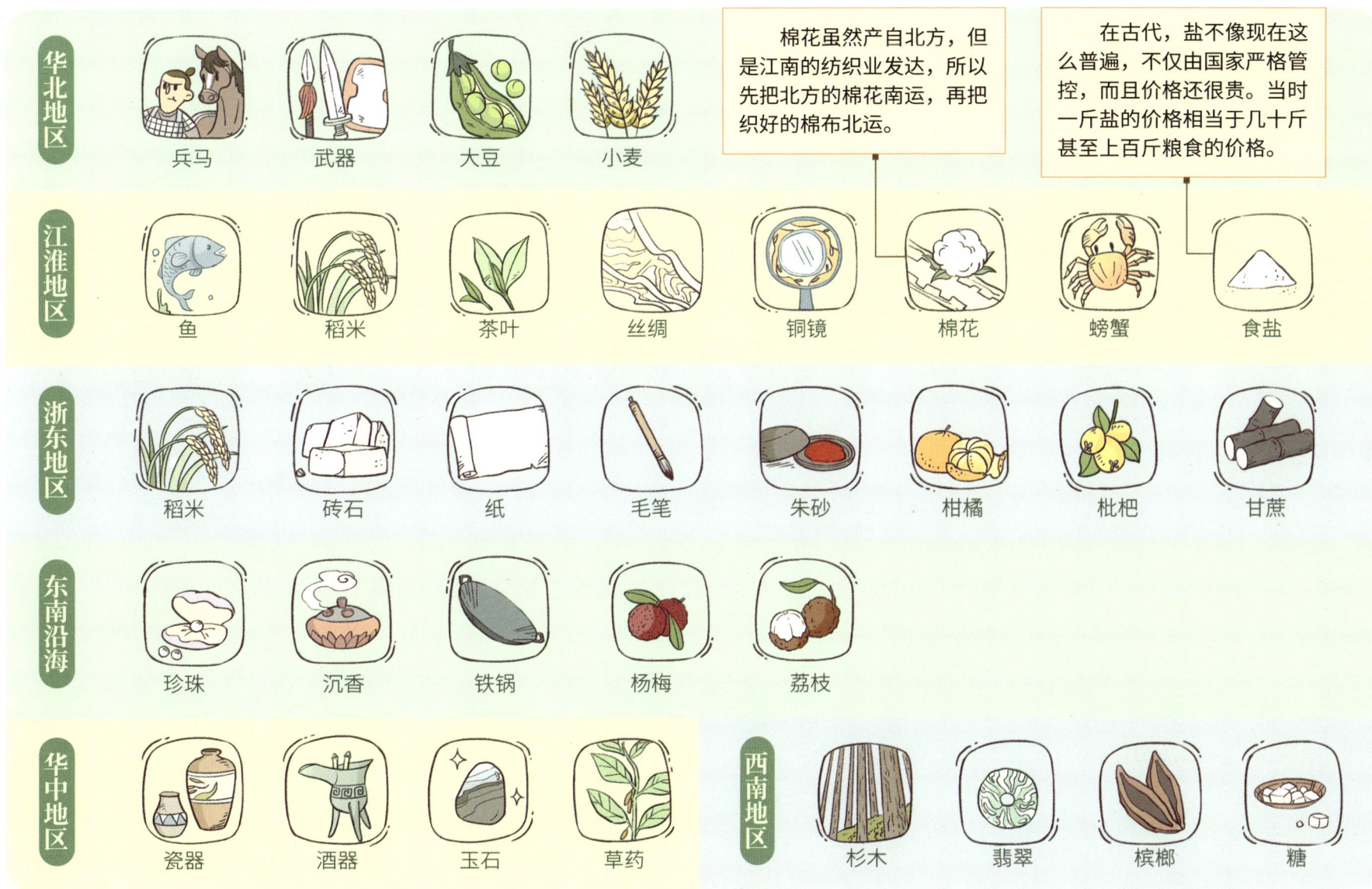

华北地区：兵马、武器、大豆、小麦

江淮地区：鱼、稻米、茶叶、丝绸、铜镜、棉花、螃蟹、食盐

> 棉花虽然产自北方，但是江南的纺织业发达，所以先把北方的棉花南运，再把织好的棉布北运。

> 在古代，盐不像现在这么普遍，不仅由国家严格管控，而且价格还很贵。当时一斤盐的价格相当于几十斤甚至上百斤粮食的价格。

浙东地区：稻米、砖石、纸、毛笔、朱砂、柑橘、枇杷、甘蔗

东南沿海：珍珠、沉香、铁锅、杨梅、荔枝

华中地区：瓷器、酒器、玉石、草药

西南地区：杉木、翡翠、槟榔、糖

▍**漕粮**　即官粮，大运河上运送的粮食大多是官粮，朝廷还把它当工资发给官员，比如清朝是按下面这样分配的。

糯米（又叫"白粮"）
- 内务府（掌管宫廷事物）
- 光禄寺（掌管皇室祭品、膳食及招待酒宴）
- 宫廷兵丁、内监俸米（用米充当的俸禄）
- 王公、官员俸米

> 王公、官员的俸米要自行前往通州领取。

普通大米
- 京师官兵官俸和官粮（又叫甲米）
- 八旗人士生活用米

小麦 → 内务府

黑豆 → 京师官兵畜养马、驼的饲料

> 这里面以八旗兵之米粮数额最大，每年约 240 万石。

每年，这些漕粮经由大运河运送到通州。其中一部分直接运往京师粮仓，供给八旗兵，这批漕粮叫"正兑米"；另一部分留储在通州仓，作为王公、官员的俸米，这批漕粮叫"改兑米"。

舳舻蔽水

大运河运来的物资都堆在张家湾码头，不是长久之计，走陆路转运到大都又费时费力，你有什么好办法吗？

忽必烈

可以开凿一条连通张家湾到大都的运河。

郭守敬

《元史·郭守敬传》："郭守敬引白浮泉水入都城，汇于积水潭，置插以运通州之米，世祖还自上都，见积水潭舳（zhú）舻（lú）蔽水，大悦。"

清朝时期的通惠河

东便门

大通桥闸
车船、行人、货物进出京城的重要通道。

舳是船尾，舻是船头，"舳舻蔽水"就是指水面上首尾相接的船只几乎把水面覆盖了，这样的景象正是忽必烈在北京积水潭看到的。为什么积水潭上有这么多船？这都要归功于郭守敬主持修建的通惠河。

北京城自古缺水，为了解决通惠河的水源问题，经过反复勘察，郭守敬决定把白浮泉作为运河水源。泉水"经瓮山泊，自西水门入城，环汇于积水潭"。这"瓮山泊"就是颐和园里的昆明湖，"积水潭"则是今天的什刹海。

昆明湖

后来，由于明清时期北京城的整体布局与元大都有所不同，积水潭码头荒废，漕运运来的粮食都在北京东便门的大通桥下卸船，北京的粮仓也大多建在东直门和朝阳门一带——这也是朝阳门专走粮车的原因。

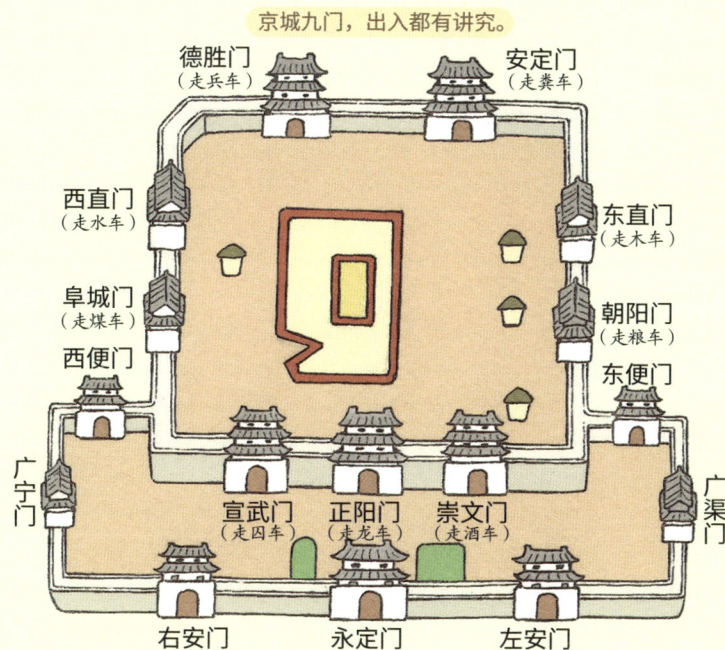

京城九门，出入都有讲究。

德胜门（走兵车）　安定门（走粪车）
西直门（走水车）　东直门（走木车）
阜城门（走煤车）　朝阳门（走粮车）
西便门　东便门
广宁门　广渠门
宣武门（走囚车）　正阳门（走龙车）　崇文门（走酒车）
右安门　永定门　左安门

永通桥

明朝时建造，因为石桥距离当时通州最高行政长官的官署有八里的路程，所以被称为"八里桥"。

燃灯佛舍利塔

高碑店

最早是高氏经营的米市，所以那时叫高米店，后来成为运送稻米的集散地。

通惠河贯通后，原本停在张家湾的货船可以直接开到积水潭，积水潭码头也就代替张家湾成了大运河的漕运终点。

通州距离大都 20 多千米，但海拔比大都城低了近 20 米，这意味着船只难以上行。为此，郭守敬在通惠河的主干线上修建了 24 座水闸，每十里一闸，一旦水积到高处，就把船拉起来，这叫"提闸过船"。

漕粮怎么『漂』到北京

京杭大运河全长约 1794 千米，这么漫长的旅途，漕粮是怎么一路"漂"到北京的呢？

完备的漕运执行机构
（以清朝为例）

粮道衙门
（各省）

督粮道
主管本省的漕粮储备，督催州县的漕粮征收和起运

↓

押运通判
负责漕船的管理和漕粮的押运

↓

领运
各卫所守备或千总负责运输

↓

催趱(zǎn)
督催漕船如期开行，以防延误

收漕机构
（各州县）

州县正官
征收漕粮

↓

监兑官
由州县同知或通判担任，负责把控米的品质和兑粮、运粮的速度

↓

漕帮
古代的"运输公司"，由政府请来保护漕粮的运送安全

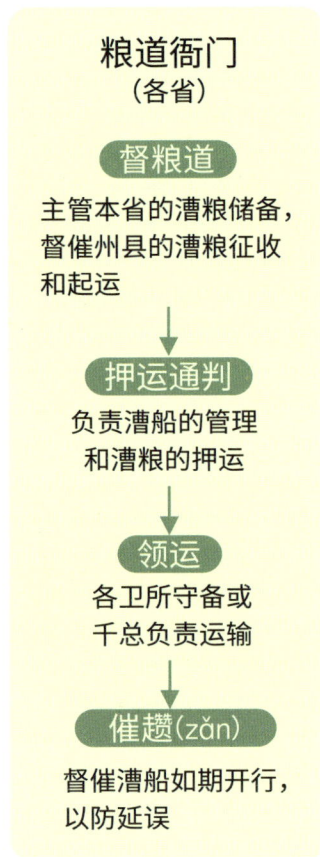

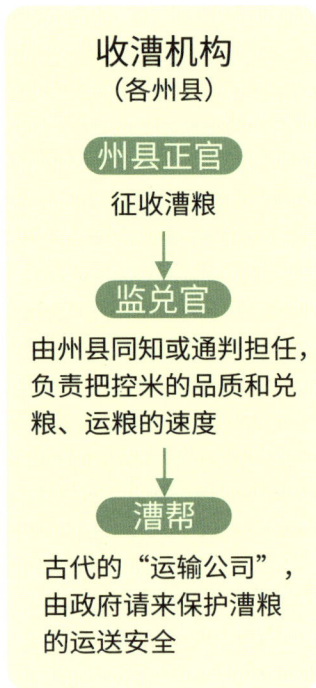

总督 —— **仓场衙门**（北京）
漕船到境时出巡通州，总理一切漕务

仓监督
监管仓库

坐粮厅（通州）
— **坐粮厅官**
督令转运粮米交仓
— **巡漕御史**
稽查漕运时有没有夹带私盐或其他违禁物品，催运漕船

河道总督
监督沿河官员清除河道淤塞，修筑堤岸，保护运道，同时催运漕船

各省巡抚
督促交纳完的漕粮交兑开船

漕运总督府（淮安）
— **巡漕御史**
— **漕运总督**
总管漕运

天津 · 德州 · 济宁 · 徐州 · 扬州 · 镇江 · 苏州 · 杭州

运粮船从杭州一路北上，沿运河去往北京

漕船的航行日志

日志 1
出发准备
——船从哪里来？

漕船是为运输官粮专门打造的大型船只，造价高昂。明朝政府为了保证漕运所需，承担一半费用；而清朝政府只承担五分之一的费用，其余的则让粮农承担。

日志 2　十月，官府来收粮了

朝廷根据各省情况征收定额漕粮。运输过程中粮食的损耗由纳户承担，加上州县趁机盘剥，纳户上缴的粮食要比定额多很多。

日志·3

十一月，出发北上！

日志·4 次年二月，过漕运总督府

漕运总督府统管全国漕运事务，经过这里的漕粮都要接受二次检查。

日志·5 三月，遇见大粮仓

为了便于运输，在运河沿线设有淮安、徐州、临清、德州、天津等粮仓基地，称为"水次仓"。

日志·6

截漕

如遇地方灾情，根据朝廷指示截留部分漕粮赈济。

日志·7 三月，过钞关

漕船有官方特权，过钞关不用缴税。

日志·8

四月，终于到达目的地

通惠河的标志性建筑——燃灯佛舍利塔就像一座发光的航标，船夫远远地看见它就知道到达通州了。

日志·9

十日内必须返航

将卸空的漕船开回家，称为"回空"。为了保证下一年度的漕粮运输，规定漕船卸完粮后 10 日内回空。

北方的运河段全年有 100 多天无法通航，而最南边的浙江省的漕粮，运到京城要花至少 5 个月的时间，所以不赶紧回去的话，万一遇上封冻期，船一搁浅，就只能等来年春天才能回去了。

为什么这么着急回去，还有很多美食没吃呢！

浙东运河

浙东运河位于大运河最南端，是京杭大运河的延伸。它西起杭州市钱塘江南岸，跨曹娥江，经过绍兴市，向东汇入宁波市的甬江入海，把陆上贸易线路延伸到东海岸。终点宁波是海上丝绸之路的重要海港。

杭州

西兴

萧山

钱清

浙

东

绍兴

炼塘

西兴运河

西晋年间，为满足灌溉的需要，贺循主持修建了自西陵（今西兴）到会稽（今绍兴）的西兴运河。西兴运河、鉴湖和其他自然水道一起，变成横贯东西的浙东运河。

这里的一片滩涂和其间的零星小丘远离吴国，水路运输方便，正好可以建大型兵工厂。

山阴故水道

春秋末期，吴国开挖邗沟时，钱塘江对岸的"水乡冤家"——越国也鼓足干劲儿，开掘了从绍兴到炼塘的山阴故水道。

越国为什么要开掘山阴故水道？

《绍兴府志》记载，越王勾践铸剑于此，有水塘供工匠洗擦，称为炼塘。2500多年前，吴越争霸。越王勾践惨败，卧薪尝胆，实施复国战略。

从南面的锡山采集矿石，北海岸的称山烧出炭料，就能在这里锻造刀、剑、矛等武器了。

趁着吴王夫差北上和齐、晋争霸，抓住机会富国强兵。

越国地形南高北低，水流自南往北倾泻，但腹地平缓，经常发生河涝。为控制内河泛滥，抗御北海潮汐侵入，越国开掘了这条调节水位、泄水防洪的水渠——山阴故水道。

好美啊!

我也要写诗,留下我来过的痕迹!

浙东唐诗之路

鉴湖又称镜湖,是东汉时在山阴故水道的基础上筑堤修建而成的。唐宋时期,大批文人墨客慕名而来,沿运河游览风光,写诗著文,形成"浙东唐诗之路"。

《全唐诗》收录的2200多位诗人中,有451位诗人游览过"浙东唐诗之路",包括李白、杜甫、骆宾王、贺知章、元稹、孟浩然、白居易、王维、贾岛、杜牧等人,更留下了1500多首诗歌。

运　余姚

慈溪

河

宁波

浙东运河也是当时朝鲜半岛各国与日本使臣和僧侣到访中国的最重要通道。

宁波港

自古繁华的三吴都会钱塘(今杭州),因钱塘江入海口的水量少,多泥沙浅滩,且受海洋潮汐影响,每年都有几次大潮,阻断通航,只能又在宁波开港建城。来自中国东南的远洋帆船大多到宁波卸货。宁波由此成为海上丝绸之路的重要端点之一,也是著名的外贸深水港口。

舌尖上的大运河

感谢我们一路上的"体力担当"灿烂，这些是犒劳你的！

东台鱼汤面

蜜汁火方

泰州蟹黄汤包

松鼠鳜鱼

苏州昆山奥灶面

海宁长安宴球

清炖蟹粉狮子头

镇江肴肉

软兜长鱼

台儿庄黄花牛肉面

香辣四鼻鲤鱼

临清托板豆腐

"四大名鸡"

辽宁沟帮子熏鸡、山东德州扒鸡、河南道口烧鸡、安徽符离集烧鸡（除了沟帮子熏鸡，其他三种都是大运河沿线的美食）。

开洋蒲菜

淮安河网密布，依傍运河的月湖是生长水生植物——蒲菜的好地方。

北京烤鸭

人们创造人工填鸭法，研制出肉质肥美的北京烤鸭。

沧州炸老虎

大运河沿岸比较有名的早餐面食，沧州人叫它"炸老虎"，临清人叫它"炸荷包"。

油焖春笋

杭州叫花鸡

宁波冰糖甲鱼

绍兴梅干菜烧肉

蟹酿橙

西湖莼菜羹

龙井虾仁

无锡酱排骨

西湖醋鱼

东坡肉

太湖醉蟹

大煮干丝

文思豆腐

哇，以后还有挖土、拉船的活儿，都交给我！

流动的遗产

2022 年 4 月 28 日，京杭大运河在 1855 年因黄河改道而断水断航后，第一次重新实现全线通水。也许有人会疑惑，既然漕运是大运河的主要功能，那现在海陆运输这么便捷，为什么还投入大量资金整修运河？

事实上，京杭大运河在当今依然有很高的经济价值，在世界内河航运河道的运输能力排名中位列前四，堪称水上铁路。

仅大运河山东微山湖到杭州间约 800 千米的河段，每年货物运输量就有 5 亿吨，是京沪高速公路运输量的 10 倍。

京杭大运河航运

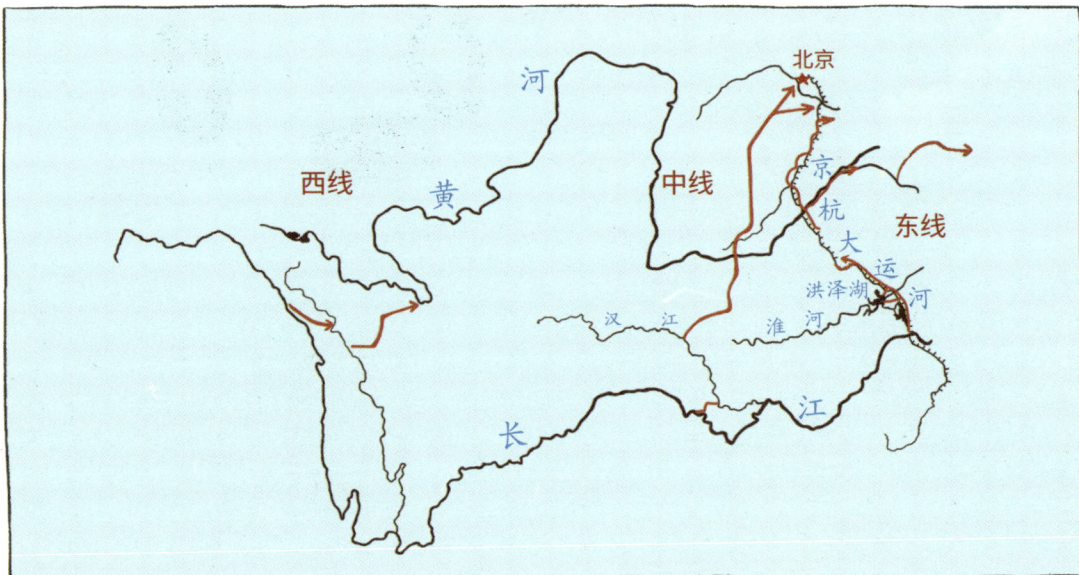

南水北调东线工程利用了包括京杭大运河在内的数条南北向河道作为江水北上的现成通道。南水北调东线一期工程以扬州为起点，调长江水往华北平原，年调水能力达到 88 亿立方米，可为沿线的江苏、山东等省供给相当于 600 多个西湖的水量。2022 年，通过优化调度南水北调东线一期北延工程，实现了向京杭大运河黄河以北的河段补水，京杭大运河全线通水。

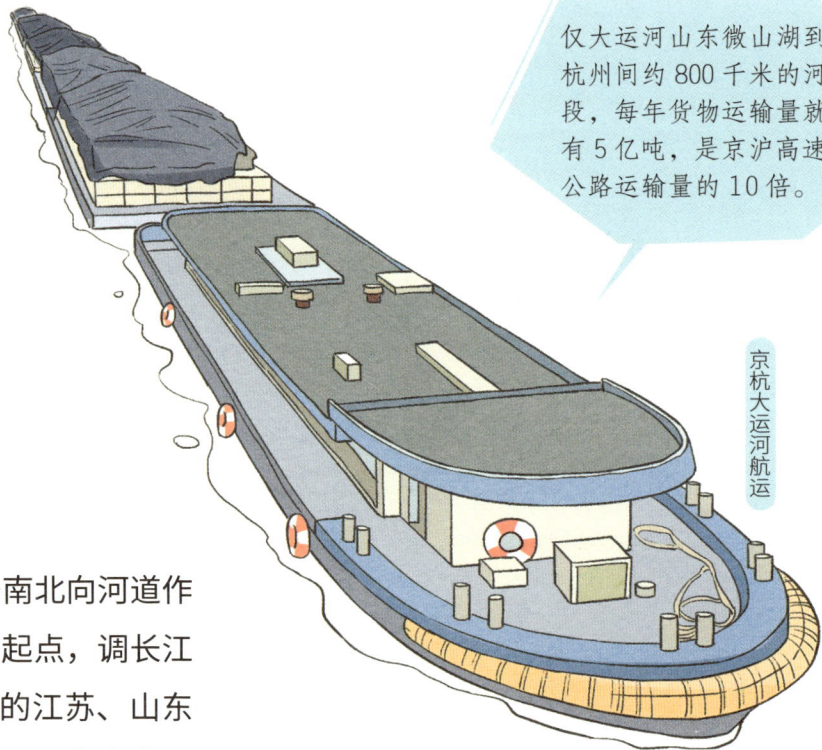

除此之外，大运河沟通我国南北水系，汇聚了众多古代先进水利思想与水工技艺，还具有防洪排涝、供水灌溉、调节气候、文化传承等多种功能，是祖先留给我们的宝贵遗产。

南水北调路线图

保护大运河

运河保护法规：

我国先后印发《大运河文化保护传承利用规划纲要》《长城、大运河、长征国家文化公园建设方案》等文件，对大运河的保护、利用和传承提出了具体要求。

运河监管：

建立"一总多分"的监测管理体系。

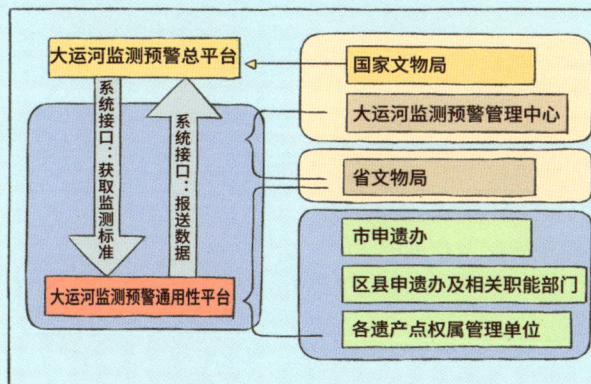

生态治理：

防治水污染，疏浚河道，建设运河生态公园，拆除运河非法码头、砂站、采砂船。为了减少船舶污染，在大运河上行驶的轮船，使用清洁环保的新能源。

运河文化博物馆：

现已建成洛阳隋唐大运河博物馆、杭州京杭大运河博物馆、扬州中国大运河博物馆、北京大运河博物馆等以大运河文化为主题的博物馆，全方位展现大运河的历史文化底蕴和时代价值。

非遗特色小镇：

以丝绸、茶叶、陶瓷等产业为重点，建设非物质文化遗产特色小镇。

云端大运河：

推进大运河非物质文化遗产网络平台建设。

宣传教育：

充分发挥社区、学校、媒体的力量，宣传大运河文化，出版大运河书籍，制作电视剧、电影和纪录片讲述大运河的故事。

世界上的运河

不仅中国有大运河，世界其他国家也有很多人工开凿的运河，它们又是什么样的呢？

比利时阿尔贝特运河

1939 年通航，全长约 130 千米。

俄罗斯伏尔加河－顿河运河

1952 年通航，全长 101 千米。

德国莱茵河－多瑙河运河

1992 年正式通航，全长 171 千米。

加拿大里多运河

1832 年通航，全长 202 千米。

瑞典约塔运河

建造于 19 世纪初，全长 190.5 千米。

英国曼彻斯特大运河

1894 年通航，全长 58 千米。

美国伊利运河

1825 年通航，后经扩建，全长 584 千米，将北美五大湖与纽约市连接起来，推动纽约成为世界上最繁华的都市之一。

中国大运河

最早开凿于春秋时期，是世界上里程最长、工程最大的古代运河。

埃及苏伊士运河

1869 年通航，全长 195 千米，是世界上使用最为频繁的运河航线，连接地中海与红海。在这条运河开通之前，往来欧洲、亚洲的商船需要绕行非洲好望角才能到达目的地。运河开通后，海上航程缩短了近一半。

俄罗斯莫斯科运河

1937 年通航，全长 128 千米，令莫斯科成为"五海之港"，可以到达里海、波罗的海、白海、黑海和亚速海。

德国基尔运河

又名北海–波罗的海运河，1895 年通航，全长约 98 千米。北海与波罗的海之间最安全、最便捷、最经济的水道。

希腊科林斯运河

1893 年通航，全长约 6.3 千米，水深可达 8 米，是世界上开凿最深的运河。

巴拿马运河

1920 年正式通航，全长约 82 千米，被誉为世界七大工程奇迹之一、"世界桥梁"。

法国米迪运河

1681 年开通，全长 360 千米。将建筑和人造景观相结合，创造了世界现代史上一个辉煌的土木工程奇迹。

逆流而上的大运河

1855年，黄河改道，大运河山东段逐渐淤废，从此漕粮主要走海路运输

1906年，京汉铁路通车，大运河航运走向衰落

1688年，中河贯通，船只无须再借黄河航行

游戏条件
玩家：推荐2～4人参与。
棋子：可使用身边任何大小适合的物体作为游戏棋子，每位玩家一枚棋子。
骰子：1枚。

游戏规则
①从左下角的起点出发，掷骰子，根据扔出的点数前进相应的步数。
②移动后，若停留的格子有桥梁，则将棋子移动到桥梁连接的格子里。
③移动后，若停留的格子有圆木，则将棋子移动到圆木连接的格子里。
④有些停留的格子里有一段文字，是关于大运河的小知识。
⑤率先到达终点的玩家获胜。

1128年，黄河人为决堤，导致黄河改道，通济渠断航

610年，隋炀帝系统修整江南运河。隋朝大运河贯通

608年，隋炀帝开通永济渠

605年，隋炀帝开凿淮扬运河

605年，隋朝大运河的首期工程通济渠开通

起点

前486年，吴国开挖邗沟

约前473年，越国山阴故水道贯通

终点

2002 年，京杭大运河被纳入南水北调东线工程

2014 年，中国大运河被列入《世界遗产名录》

2022 年，京杭大运河再次全线通水

1429 年，设立临清运河钞关，向民用商船征税

1411 年，重开会通河。宋礼采用白英的建议修建南旺枢纽

1351 年，开始治河

1344 年，黄河决口，会通河淤塞断航

1293 年，郭守敬贯通通惠河，京杭大运河全线通航

1289 年，元朝开凿会通河

1170 年，淮安建漕运总督府

1194 年开始，黄河夺淮，使淮河水系灾害频发

13 世纪，元朝利用白河下游河道修成了北运河

204 年，曹操开挖白沟

约前 360 年，魏国开挖鸿沟

53

洋洋兔童书（YoHare Children's Books）

原创青少年知识漫画品牌

十几年如一日坚持创作

一笔一画，画入孩子心里

连续四年被评为"国家文化出口重点企业"

百部作品输出至全球多个国家和地区

作品入选国家新闻出版广电总局"向全国青少年推荐百种优秀出版物"

作品多次入选教育部"全国中小学图书馆（室）推荐书目"

多部作品被科技部评为全国优秀科普作品

图书在版编目（ＣＩＰ）数据

厉害了！中国大运河 / 洋洋兔编绘 . -- 北京：科
学普及出版社 , 2024.6
ISBN 978-7-110-10553-5

Ⅰ . ①厉… Ⅱ . ①洋… Ⅲ . ①大运河－国家公园－通
俗读物 Ⅳ . ① S759.992-49

中国国家版本馆 CIP 数据核字 (2023) 第 036940 号

策划编辑　李　睿
责任编辑　李　睿　郭　佳
图书装帧　洋洋兔
责任校对　张晓莉
责任印制　徐　飞

出　　版　科学普及出版社
发　　行　中国科学技术出版社有限公司
地　　址　北京市海淀区中关村南大街 16 号
邮　　编　100081
发行电话　010-62173865
传　　真　010-62173081
网　　址　http://www.cspbooks.com.cn

开　　本　889mm×1194mm　1/12
字　　数　100 千字
印　　张　5
版　　次　2024 年 6 月第 1 版
印　　次　2024 年 6 月第 1 次印刷
印　　刷　河北朗祥印刷有限公司
书　　号　ISBN 978-7-110-10553-5/S・583
定　　价　78.00 元

版权所有　侵权必究
（凡购买本社图书，如有缺页、倒页、脱页者，本社销售中心负责调换）